AF339753

# SUITES

## A

# BUFFON

---

## PLANCHES

*Livraison*

---

*Helminthes*

## PARIS

A LA LIBRAIRIE ENCYCLOPÉDIQUE DE RORET.

Rue Hautefeuille. Nᵒ 10 bis.

# EXPLICATION DES PLANCHES

## DES HELMINTHES.

---

*Nota.* — Les chiffres entre parenthèses expriment le nombre de fois que les figures sont grossies.

### PLANCHE 1re.

*Trichosoma* ou *Calodium splenœcum* de la musaraigne (*Sorex araneus.*

1 (215). Tête d'une jeune femelle, longue de 10$^{mm}$ avec deux séries de granules saillants sur le cou.

2 (215). Partie postérieure d'un jeune mâle, long de 7$^{mm}$ vu par le dos.

3 (215). La même, vue de côté, montrant les deux lobes terminaux *l*, et les ailes membraneuses *m*, et le spicule *p* à l'intérieur.

4 (210). Partie moyenne du corps d'un jeune trichosome femelle, long de 9$^{mm}$ montrant en *m* la vulve avec son appendice vésiculeux et ses stries internes; on voit aussi l'extrémité antérieure de l'oviducte avec trois œufs mûrs, et l'extrémité postérieure de l'œsophage, qui est divisé régulièrement par des étranglements écartés de 0$^{mm}$,02; à la surface du tégument on distingue une des bandes latérales couvertes de granules saillants.

5 (132). Partie postérieure d'un mâle, long de 13$^{mm}$, ayant à l'intérieur son pénis *p* ou spicule simple, long de 0$^{mm}$,88 et sa gaîne *g* saillante, flexible, membraneuse, intérieurement plissée; en avant de l'extrémité caudale, on voit une des ailes membraneuses latérales accompagnant l'appareil génital.

6 (325). Portion de la même gaîne plus grossie, montrant des rides ou stries presque régulières.

7 (215). Portion du cou, montrant les granules saillants du tégument.

8 (140). Partie moyenne du corps d'une femelle, longue de 24$^{mm}$, montrant en *m* la vulve avec son appendice en entonnoir; on voit aussi la partie antérieure de l'oviducte avec un œuf mûr et la partie postérieure de l'œsophage toruleux, ou divisé régulièrement par des étranglements. — En *p* se trouve un œuf déjà pondu depuis quelque temps et agglutiné au tégument par son enveloppe mucilagineuse qui s'est étendue. Beaucoup d'autres œufs se voient ainsi agglutinés çà et là, soit isolément, soit en groupes plus ou moins volumineux.

*

A 9 (140). Portion du corps de la même, vers l'extrémité postérieure, laissant voir les replis de l'ovaire.

A 10 (140). Queue de la même.

A 11 (215). OEuf du même calodium de la musaraigne, entouré de son enveloppe mucilagineuse et laissant voir l'embryon replié à l'intérieur.

B. *Trichosoma* ou *Calodium ornatum* de la farlouse (*Anthus pratensis*).

B 1 (215). Extrémité antérieure de ce *Calodium*.

B 2 (215). Portion du cou dont le tégument est en partie couvert de granules saillants.

B 3 (215). Portion du corps d'un mâle, montrant la base de l'œsophage toruleux ou avec des étranglements successifs réguliers, et le commencement de l'intestin.

B 4 (215). Portion du corps du mâle montrant la base du spicule ou pénis.

B 5 (215). Partie postérieure du même, montrant l'extrémité recourbée du spicule, et sa longue gaine membraneuse flottante.

B 6 (215). Portion d'une femelle montrant la vulve avec son appendice en entonnoir, au-dessous duquel se voit l'utérus musculeux contenant deux œufs; dans la partie antérieure on voit l'œsophage demi-transparent, toruleux ou divisé par des étranglements successifs.

B 7 (215). Queue de la même femelle.


# PLANCHE 2.


A 1 (10). *Trichosoma dispar* de l'œsophage du hobereau (*Falco subbuteo*).

A 2 (215). Extrémité antérieure du même trichosome.

A 3 (175). Portion du cou du même trichosome, montrant sur une moitié de la surface des stries transverses et sur l'autre moitié des granules saillants.

A 4 (205). OEuf du *Trichosoma dispar* du hobereau.

A 5 (127). Partie postérieure du *Trichosoma......* (mâle) de l'épervier (*Falco nisus*) montrant le spicule retiré à l'intérieur.

B 1 (215). Extrémité antérieure du *Trichosoma resectum* du choucas (*Corvus monedula*).

B 2 (215). Partie postérieure du même trichosome mâle, montrant le spicule *s* en partie sorti, et la gaine *g*, droite, entièrement sortie.

B 3 (215). Partie postérieure d'un autre mâle de la même espèce avec le spicule *s*, et la gaine *g* sortie en partie.

B 4 (215). Partie postérieure d'un autre mâle de la même espèce avec le spicule en partie sorti, mais sans gaine visible; *a* partie antérieure ou basilaire; *b* partie postérieure du spicule.

C (215). Extrémité postérieure du trichosome femelle de la pie, ayant son tégument couvert d'une couche de corpuscules analogues à des *Bacterium*.

D 1 (215). Portion du corps du *Trichosoma resectum* (femelle) du choucas. On voit en *m* la vulve où vient aboutir l'utérus musculeux contenant des œufs mûrs ; dans la partie antérieure, on voit l'œsophage, avec des étranglements et renflements réguliers successifs et montrant, d'espace en espace, des taches nébuleuses formées de granules.

D 2 (215). Extrémité postérieure du même trichosome femelle ; en *u* se voit l'anus.

D 3 (200). Un œuf du trichosome du geai (*Corvus glandarius*).

E 1 (2?). *Trichosoma tomentosum* des cyprins.

E 2 (225). Extrémité antérieure du même trichosome, montrant deux séries de petites papilles très-peu distinctes.

E 3 (215). Portion du corps du même trichosome des cyprins, montrant en *m* la vulve, qui est sans appendice, et située au point de jonction de la partie antérieure et de la partie postérieure ; l'œsophage, divisé par des étranglements réguliers, se voit dans la partie antérieure dont le tégument est parsemé de papilles peu visibles et revêtu en outre d'une sorte de duvet court ; en arrière de la vulve, le tégument également tomenteux, montre des traces de stries régulières sur les bords.

E 4 (215). Extrémité postérieure du même trichosome ; l'anus se voit en *u*.

E 5 (215). Un œuf du *Trichosoma tomentosum* des cyprins ; il présente un étranglement caractéristique au milieu, et son tégument est granuleux ou tuberculeux.

F (270). Un œuf du trichosome du triton.


## PLANCHE 3.


A 1 (300). *Trichocephalus dispar* de l'homme. Tête et cou, montrant à l'intérieur l'œsophage flexueux. A la surface, on voit des stries transverses et une bande longitudinale *n* de largeur croissante, hérissée de papilles ou de granules saillants et dont les bords sont festonnés. — Grossi trois cents fois.

A 2 (300). Portion du cou, à une certaine distance de la tête, on y voit la bordure festonnée *m* dont chaque dent présente une petite papille centrale ; la bande longitudinale *n* devenue beaucoup plus large, présente des papilles plus saillantes et plus pointues. — Grossi trois cents fois.

B 1 (80). *Trichocephalus nodosus* de la souris. — Gaîne *g* et extrémité du spicule *s*. La gaîne membraneuse *g* est hérissée de petites papilles aiguës ; elle a dans cet instant une forme tubuleuse un peu évasée en entonnoir. — Grossi quatre-vingts fois.

B 2 (80). Partie postérieure du même, avec le spicule entier *s* et la gaîne *g* d'abord tubuleuse, puis renflée en forme de turban ; à l'intérieur du corps on aperçoit l'intestin flexueux ; à la surface on distingue des stries transverses très-fines.

B 3 (300). Portion de la gaîne du même trichocéphale, pour montrer la forme des papilles ou épines à un grossissement de trois cents diamètres.

B 4 (225). OEuf du même trichocéphale, grossi deux cent vingt-cinq fois.

C 1 (220). Partie antérieure du *Dorylaimus stagnalis*, intestin de la carpe.

C 2 (220). Spicule du même *Dorylaimus* mâle.

D (300). Partie antérieure du *Dorylaimus marinus* ayant son stylet rétracté.

E (300). *Filaria aquatilis.*

F (180). Partie antérieure d'un *Filaria lacustris.*

G (225). Partie antérieure du *Dispharagus denudatus,* vue par-dessus e montrant les deux lobes de la bouche.

G 2 (280). Partie antérieure du même, vue latéralement et plus grossie.

G 3 (150). Partie postérieure du même *Dispharagus* mâle, montrant une rangée de papilles *p, p, p.* Un spicule ou pénis *s* simple tubuleux et un spicule accessoire *l.*

H (240). Partie postérieure du *Dicelis filaria* mâle, montrant le double disque latéral *d,* qui se voit dans les deux sexes en arrière de l'anus, et les deux spicules *s, s,* accompagnés d'une troisième pièce protectrice ou accessoire *t.*

J 1 (60). Tête de la *Filaria obtusa* de l'hirondelle, montrant à l'intérieur deux pièces trifides de chaque côté de l'œsophage.

J 2 (42). Partie postérieure de la même *Filaria obtusa* mâle, montrant le spicule ou pénis principal *s* et le spicule accessoire *t* tordu en tire-bouchon.

K 1 (175). Partie antérieure du *Dispharagus decorus* ♂ du martin-pêcheur, montrant en avant la double papille terminale *p,* puis la collerette dentelée et bilobée *c,* et plus loin un des deux appendices cornés tricuspides *b ;* à l'intérieur on voit l'œsophage *œ* qui aboutit au ventricule *v* beaucoup plus large.

K 2 (100). Tête d'un *Dispharagus decorus* femelle, et par conséquent plus gros, se trouvant contractée de telle sorte que la collerette est droite, très-rapprochée de la bouche et que les deux appendices tricuspides *b, b* se sont aussi rapprochés beaucoup de l'extrémité antérieure ; en même temps on voit à l'intérieur l'œsophage plissé ou sinueux.

K 3 (200). Partie postérieure du *Dispharagus decorus* mâle, montrant une des ailes membraneuses soutenue par des papilles *p, p ;* un spicule principal tubuleux *s* et un spicule accessoire *t.*

## PLANCHE 4.

A 1 (45). *Leptodera flexilis* (femelle) de la limace grise.
A 2 (215). Partie antérieure du même, montrant l'œsophage musculeux renflé en massue.
A 3 (500). Tête du même.
A 4 (215). Portion du tégument vu près du bord.
A 5 (215). Partie postérieure du *Leptodera flexilis* mâle, *m* aile membraneuse courte, soutenue par cinq à six côtes. *p, p* deux spicules.
A 6 (250). Les spicules vus séparément.
A 7 (230). Un embryon nouvellement sorti du corps de ce même helminthe (*Leptodera*) qui est vivipare.
B 1 (26). *Angiostoma limacis* (femelle) de la limace rousse.
B 2 (260). Partie antérieure du même, montrant la capsule buccale et l'œsophage musculeux.
B 3 (300). La capsule et la partie antérieure du canal œsophagien comprimées.
B 4 (215). Partie postérieure du même *Angiostoma limacis* (mâle). *m, m* les deux ailes membraneuses soutenues chacune par six côtes. *p, p* les deux spicules vus à l'intérieur, *t* la lame accessoire.
B 5 (225). OEuf du même angiostome.
C 1 (32). *Angiostoma entomelas* de l'orvet.
C 2 (120). Partie antérieure du même angiostome, montrant la capsule buccale et l'œsophage musculeux.
C 3 (210). Capsule buccale.
C 4 (124). Section transverse de la capsule buccale.
C 5 (180). Partie postérieure du même angiostome mâle. *p. p* les deux spicules.
C 6 (120). Un embryon de cet helminthe vivipare, pris dans le corps de sa mère.
C 7 (210). Vulve du même angiostome femelle.

## PLANCHE 5.

A 1 (120). *Spiroptera sanguinolenta* (du chien). Tête vue de côté et montrant des lobes et des papilles à l'intérieur.
A 2 (44). Queue du même spiroptère mâle, avec ses ailes vésiculeuses striées et pourvues de papilles *p*, son spicule principal long et grêle *s*, et le spicule accessoire *t*.

**B 1 (144).** Tête du *Dispharagus* (D) de l'épervier, montrant ses bourrelets, et repliés par l'effet de la contraction.

**C 1 (100).** Tête du *Dispharagus*.... du hobereau (*Falco subbuteo*) vu latéralement avec ses bourrelets étendus presque droits.

**C 2 (70).** Tête du *Dispharagus* B... de l'épervier (*Falco nisus*) vue par-dessus et montrant ses bourrelets étendus presque droits, et ses deux papilles terminales.

**D 1 (60).** Tête du *Dispharagus nasutus* du moineau, avec ses bourrelets séparés en *m*, et ses deux papilles terminales *p*.

**D 2 (60).** Queue du même spiroptère mâle avec le spicule principal *s*, et le spicule accessoire T.

**E 1 (110).** Partie antérieure de l'*Heterakis* ou l'*Ascaris brevicaudata* de la grenouille, montrant en avant les trois lobes peu marqués *a*, puis en *ph* trois plis cartilagineux ou trois pièces formant une armure pharyngienne. En *o*, sur le côté, se trouve l'orifice d'un organe problématique.

**E 2 (90).** Partie postérieure de la même ascaride mâle, avec une double aile membraneuse *l* peu saillante, munie d'une rangée de papilles *s. s.*; — *p. p*, deux spicules très-longs ; — *t* la lame protectrice ou accessoire, représentée seule en E 4.

**E 3 (200).** Base d'un des spicules de la même ascaride, montrant un large orifice pour le conduit éjaculateur , et une tête noire spongieuse.

**E 4 (200).** Lame protectrice ou accessoire de la même ascaride.

**E 5 (200).** Portion du tégument de la même ascaride.

**E 6.** Orifice glanduleux de l'organe problématique situé en *o* dans la figure E 1.

**F 1 (66).** Tête du *Dispharagus anthuris* du geai et de la pie, vue de côté et montrant les deux bourrelets longitudinaux qui s'unissent en avant avec les deux de l'autre côté. — *p. p* les deux lèvres ou papilles terminales.

**F 2 (66).** Tête du même spiroptère vue en dessus, et montrant les deux ourlets latéraux supérieurs , qui se réunissent près de la commissure de la bouche. — A l'intérieur on voit l'œsophage grêle musculeux et le ventricule cylindrique très-long qui lui fait suite.

**F 3 (66).** Queue du même Dispharage mâle , montrant de chaque côté les ailes vésiculeuses *m*, striées et munies de papilles *p* et au milieu les deux pièces *s* et *t* inégales de l'appareil copulateur.

**G 1 (140).** Partie postérieure du mâle de l'*Oxyuris ornata* de la grenouille, montrant à la face ventrale une triple rangée longitudinale de pièces cornées *m*, figurées séparément en G 2 ; — en *s* on voit à l'intérieur un spicule simple qui pourrait bien être plutôt le représentant de la lame protectrice ou accessoire, le spicule, dans ce cas, étant resté membraneux n'est pas visible.

**G 2 (460).** Une des pièces cornées de l'*Oxyuris ornata* vue séparément.

## PLANCHE 6.

**A 1 (150).** Partie antérieure du *Strongylus auricularis* de la grenouille rousse, un peu comprimé, de telle sorte que le diamètre est augmenté, en même temps l'œsophage est représenté trop court.

**A 2 (270).** Section transverse de la tête du même, au milieu de la longueur des ailes membraneuses indiquées en *a*.

**A 3 (270).** Section transverse du cou au point marqué *b*.

**A 4.** Portion du tégument près du bord, montrant les stries transverses et les stries longitudinales plus grandes (mauvaise figure).

**A 5 (120).** Partie postérieure du *Strongylus auricularis* mâle, vue par le dos, montrant à l'intérieur les deux spicules complexes *s, s*, et à la surface, les stries longitudinales et les plis transverses (ici trop marqués).

**A 6 (160).** Partie postérieure du *Strongylus auricularis* mâle, vue de côté, pour montrer la forme de la bourse membraneuse.

**A 7 (210).** Un des spicules du même, vu isolément avec ses diverses pièces un peu écartées; — *a* ouverture de la base; *b* portion terminale contournée; *c* pièce latérale articulée en *m* et bifide; *d* stylet bifide fixe; *e* stylet simple fixe.

**A 8 (210).** Un des spicules du même, avec ses diverses parties plus écartées ou détachées.

**A 9 (100).** Queue de la femelle.

**A 10 (170).** Portion du corps du *Strongylus auricularis* femelle, montrant la vulve et les deux branches de l'utérus musculeux.

**A 11 (215).** OEuf du même strongle, montrant l'embryon replié à l'intérieur.

**B 1 (20).** *Strongylus retortœformis* (femelle) du lièvre.

**B 2 (22).** *Strongylus retortœformis* (mâle) du lièvre.

**B 3 (215).** Partie antérieure du même (stries trop marquées).

**B 4 (215).** Portion du cou du même, montrant des stries longitudinales et transverses.

**B 5 (215).** Partie postérieure du *Strongylus retortœformis* (mâle), vue de côté, avec sa bourse caudale presque fermée, et montrant à l'intérieur les deux spicules *s, s*, et la pièce accessoire *t*.

**B 6 (215).** Partie postérieure du même, avec la bourse ouverte et vue obliquement par le dos. — *s, s*, les deux spicules contournés; *t* la pièce accessoire.

**B 7 (215).** Un spicule *s* vu isolément avec la pièce accessoire *t*.

**B 8 (180).** Portion du corps du *Strongylus retortœformis* femelle, montrant la vulve en *v* et à l'intérieur les deux branches symétriques et opposées de l'utérus musculeux, avec ses renflements et ses dilatations.

B 9 (215). Un œuf du même *Strongylus,* montrant à l'intérieur l'embryon replié.

## PLANCHE 7.

A 1 (16). *Echinorhynchus appendiculatus* ♀ de la musaraigne.

A 2 (16). Le même avec la trompe rétractée et la queue étendue.

A 3 (10). Le même avec la trompe et la queue rétractées, comme il est dans son kyste.

A 4 (16). Partie postérieure de la queue du même échinorhynque ♀ avec deux corps glanduleux *g.*

A 5 (200). Un crochet de la neuvième rangée de la trompe du même, vu obliquement.

A 6 (200). Un crochet de la huitième rangée de la trompe du même, vu en face.

A 7 (200). Un crochet de la vingt-sixième rangée de la trompe ou du cou, vu en face *a,* et de profil *b.*

B 1 (1). *Echinorhynchus transversus* ♀ du merle, de grosseur naturelle.

B 2 (10). Partie antérieure du même, grossie dix fois.

B 3 (350). Un œuf du même échinorhynque avec ses trois enveloppes.

B 4 (375). Un œuf du même, dont les deux enveloppes extérieures sont déchirées pour laisser sortir l'embryon encore enfermé dans l'enveloppe interne.

B 5 (350). Un embryon du même échinorhynque, devenu libre et se contractant de diverses manières.

C 1 (10). Partie antérieure de l'*Echinorhynchus globocaudatus* du chathuant (*Strix aluco*).

C 2 (10). Partie postérieure du même *Echinorhynchus globocaudatus* mâle, montrant en *c* la capsule ou cloche membraneuse *c,* au milieu duquel vient sortir le spicule *s* qu'on voit par transparence à l'intérieur. A l'extrémité postérieure se trouve une masse globuleuse revêtue d'une couche écailleuse, qui se fend et se détache par lames étroites comme *g,* et qu'on pourrait prendre pour un spicule externe.

C 3 (127). Crochets de la trompe du même échinorhynque, à l'endroit où cette trompe s'amincit en manière de cou.

C 4 (146). OEuf du même échinorhynque, montrant ses trois enveloppes dont l'externe est membraneuse et plissée longitudinalement.

C 5 (245). Autre œuf du même, dont les deux enveloppes extérieures laissen. échapper l'embryon *m* encore enfermé dans l'enveloppe interne

D 1 (25). *Echinorhynchus anthuris* mâle du triton, grossi vingt-cinq fois, terminé en arrière par le pavillon copulateur *pa* épanoui. La trompe est précédée d'un cou nu distinct *c*; au commencement du corps on voit à l'intérieur le sac de la trompe *s* avec un sac glanduleux (salivaire?) *l* de chaque côté, c'est ce qu'on a nommé les deux lemnisques. Du fond du sac de la trompe partent trois cordons musculeux *e* qui vont s'attacher aux parois de la couche musculeuse interne; il en part aussi un tube ou faisceau membraneux *f*, qui va en s'épanouissant embrasser le testicule antérieur *t*; à la suite vient le second testicule *t'* lié au premier par un prolongement de la membrane *f*. De chacun des testicules part latéralement un canal déférent *d, d'* d'abord mince, puis bientôt p¹us épais et aboutissant à d'énormes vésicules séminales *v, v'*. Enfin, vers l'extrémité postérieure, se trouvent les conduits éjaculateurs *j, j'* et le sac *r* ou réceptacle du pénis *pe*, qu'on voit quelquefois sortir au milieu du pavillon *pa*.

D 2 (76). Le pavillon terminal de l'*Echinorhynchus anthuris* mâle. A l'intérieur on voit le pénis, *pe*.

D 3 (180). L'extrémité du même pénis, enveloppé de la gaîne musculeuse.

D 4. L'extrémité postérieure du sac de la trompe du même échinorhynque, d'où partent les trois cordons musculeux obliques *e, e', e''*, lesquels vont s'insérer à la paroi de la couche musculeuse interne de l'animal; ces cordons et surtout *e'* laissent voir à l'intérieur un faisceau fibreux replié en zigzag, et leur enveloppe paraît être glanduleuse. De l'extrémité du sac de la trompe part aussi le tube *t* ou faisceau membraneux qui va embrasser le testicule chez le mâle, et qui chez la femelle sert de cordon suspenseur pour l'entonnoir. La couche musculeuse externe du sac de la trompe est formée de fibres obliques bien distinctes. La couche interne est formée de fibres longitudinales; à l'intérieur, au fond, se voit une masse ganglionnaire d'où partent plusieurs cordons dirigés en avant.

D 5. L'entonnoir ou l'oviducte et ses accessoires chez l'*Echinorhynchus anthuris* femelle. En *f* se voit l'extrémité du faisceau membraneux, qui part du sac de la trompe et sert de cordon suspenseur; en *h* une première partie de l'entonnoir, plus large et à parois plus minces; en *k* une deuxième partie plus étroite et plus musculeuse. En *g, g* des corps glanduleux accessoires.

D 6. Une des masses ovariennes du même échinorhynque. Ces masses sont formées d'une substance mucilagineuse amorphe, dans laquelle sont disséminés des œufs plus ou moins développés.

D 7. Un œuf mûr de l'*Echinorhynchus anthuris*; il est pourvu d'une double enveloppe.

E (120). Partie postérieure de l'*Echinorhynchus hæruca* ♀, du crapaud; — *a, a* est la couche tégumentaire externe susceptible de se di-

later beaucoup par un effet d'endosmose ; — *m, m* couche musculeuse interne renfermant les organes reproducteurs ; *f* partie
postérieure du cordon ou faisceau suspenseur qui part du sac de
la trompe ; — *h* entonnoir charnu, très-contractile; il saisit suc-
cessivement par l'effet de ses dilatations et contractions alterna-
tives les œufs qui flottent librement dans l'intérieur du corps.—
En *g* se voient les organes glanduleux accessoires; *o, o* sont des
corps ovifères, globuleux, qui se sont détachés de la paroi interne de l'enveloppe générale charnue.


## PLANCHE **8.**


A (40). *Holostomum denticulatum* du martin-pêcheur (*Alcedo*).
A 2 (70). Partie antérieure du même.
A 3 (90). Ventouse antérieure et bulbe œsophagien.
B 1 (20). *Monostoma verrucosum* jeune, du canard.
B 2 (40). Le même.
B 3 (215). Trois œufs du même.
C (200). *Diporpa* des branchies de la carpe.
D (?7). *Holostomum alatum* du renard.
E (350). Armure de l'orifice génital de l'*Octobothrium scombri*.
F 1 (120). Armure de l'orifice génital de l'*Octobothrium lanceolatum*.
F 2 (56). OEuf du même.
G (36). OEuf du *Diplozoon paradoxum*.
H 1 (180). *Gyrodactylus auriculatus*.
H 2 (180). Partie antérieure du même, vue de côté.
J 1 (180). Partie antérieure du *Gyrodactylus anchoratus*.
J 2 (180). Partie postérieure du même.
J 3. Les deux crochets de l'orifice génital?


## PLANCHE **9.**


A (?10). Un des crochets de la trompe du *Tænia* F du canard sauvage.
B (210). Portion de l'appareil génital du *Tænia sinuosa* du canard.
C (430). Orifice génital du *Tænia* E du canard de Barbarie.
D (210). Cirre ou pénis membraneux hispide du *Tænia* B de l'oie.
E 1 (205). OEuf du *Tænia* D du canard de Barbarie (*Anas moschata*).
E 2 (205). Autre œuf du même, dépouillé de son enveloppe externe.
E 3 (215). Appareil génital mâle du même.
E 4 (410). Portion du cirre ou pénis du même.

F 1 (95). Tête du *Tœnia lanceolata* de l'oie.

F 2 (220). La couronne de crochets vue repliée dans l'intérieur de la tête.

F 3 (92). Un des pénis du même *Tœnia*.

G (100). Un des crochets du *Tœnia capito* de la spatule.

H 1 (36). Tête du *Tœnia infundibuliformis* du coq.

H 2 (860). Un des crochets de la double couronne du même *Tœnia*.

J 1 (110). Partie antérieure de la tête du *Tœnia crateriformis ?* du pic épeiche (*Picus major*).

J 2 (200). Deux crochets du même.

K (220). Trompe du *Tœnia crateriformis* du pic épeiche (*Picus major*).

L 1 (140). Portion antérieure de la tête du *Tœnia frontina* du pic-vert (*Picus viridis*).

L 2 (640). Quatre crochets de la couronne du même *Tœnia*.

M 1 (110). Tête du *Tœnia naja* de la sitelle.

M 2 (215). Cirre ou pénis hispide du *Tœnia naja* de la sitelle.

N (215). Portion de la tête du *Tœnia undulata* du geai (*Corvus glandarius*), vue de face et montrant sa couronne de dix crochets longs de 0$^{mm}$ 02.

O (215). Couronne de crochets de la tête du *Tœnia* B de la pie.

P 1 (215). Couronne de crochets de la tête du *Tœnia serpentulus* de la pie, vue à l'intérieur, la trompe étant rétractée.

P 2 (200). OEuf du *Tœnia serpentulus* de la pie (*Corvus pica*).

P 3 (240). Embryon du même *Tœnia*, sorti de l'œuf et se mouvant librement dans le liquide.

Q (225). Partie antérieure de la tête du *Tœnia parina* du *Parus caudatus* montrant à l'intérieur la trompe rétractée avec une couronne de dix-huit crochets de 0$^{mm}$,0195.

R 1 (70). La trompe large et courte du *Tœnia cyathiformis* de l'hirondelle.

R 2 (250). OEuf du même *Tœnia* de l'hirondelle.

S (650). Un des vingt crochets de la trompe du *Tœnia attenuata* de l'*Anthus pratensis*.

T 1 (85). Partie antérieure du *Tœnia exigua* du troglodyte, ayant sa trompe repliée par l'effet de la compression.

T 2 (200). L'extrémité de la trompe (tubercule terminal) du même *Tœnia*, isolée par la compression.

U (290). La trompe du *Tœnia serpentulus ?* de la Draine (*Turdus viscivorus*), armée de dix crochets longs de 0$^{mm}$,025.

V (225). Un des crochets de la trompe du *Tœnia* (n° 4) de la grive. (Voyez page 596).

X 1 (200). Un des crochets de la trompe du *Tœnia angulata* du merle.

X 2 (420). Cirre ou pénis hispide du même *Tœnia*.

## PLANCHE 10.

A 1 (45). *Proglottis* de la poule.

A 2 (45). Le même dilaté transversalement.

A 3 (280). Portion du cirre.

B (33). *Proglottis* du brochet.

C 1 2 3 4. Divers *Proglottis* de la musaraigne, à différents degrés de grossissement et dans différents états de contraction.

C 5 (80). *Proglottis* de la musaraigne.

C 6 (90). Partie antérieure du *Proglottis* de la musaraigne.

C 7 (90). Portion du *Proglottis* de la musaraigne, montrant le testicule et le réceptacle du pénis.

D 1, 2, 3, 4, 5. Divers *Tœnia pistillum* de la musaraigne de différents âges.

D 6, 7, 8. Trois *Tœnia pistillum* très-jeunes.

D 9 (130). Tête du *Tœnia pistillum* avec la trompe rétractée.

D 10 (180). Trompe du *Tœnia pistillum* totalement développée.

D 11 (420). Deux des crochets de cette trompe.

D 12, 13, 14, 15 (240 et 250). Quatre œufs de *Tœnia pistillum* avec l'embryon vivant et les crochets en diverses positions ; l'embryon dans les œufs D 13 et 14 a quitté l'enveloppe interne qu'on voit membraneuse et plissée près de lui.

D 16 (160). Un article du *Tœnia pistillum* montrant le testicule et le réceptacle du pénis.

E (215). Portion de la tête du *Tœnia scalaris* de la musaraigne.

F 1 (110). Tête du *Tœnia tiara* de la musaraigne.

F 2 (215). Trois des crochets de la trompe du même.

H 1 (200). Faisceau de crochets du *Tœnia scutigera* de la musaraigne.

H 2 (215). Un crochet isolé.

## PLANCHE 11.

A (230). OEuf du *Tœnia* B de la bécassine.

B 1 (90). Tête du *Tœnia* A *variabilis* de la bécassine (*Scolopax gallinula*).

B 2 (240). Un des crochets de la trompe du même *Tœnia*.

B 3 (300). Un œuf du même *Tœnia*, ayant son enveloppe extérieure sphérique.

B 4 (170). Un autre œuf du même, ayant son enveloppe extérieure prolongée en deux longs appendices.

C 1 (145). Tête du *Tœnia paradoxa* du *Scolopax rusticola*.

C 2 (65). Tête du même *Tœnia*.

**C 3** (225). OEuf du même *Tænia*.

**D 1** (33). Tête du *Tænia nasuta* de la mésange (*Parus major*), ayant ses quatre ventouses étalées et le cou gonflé par contraction.

**D 2** (35). Tête du même *Tænia* avançant la trompe.

**D 3** (70). Tête du même *Tænia*, avec la trompe entièrement retirée à l'intérieur et le cou très-gonflé ; on voit peu distinctement à l'intérieur la couronne de dix crochets.

**D 4** (90). Tête du même *Tænia*, montrant à l'intérieur la couronne de dix crochets, longs de $0^{mm},059$ à $0^{mm},064$.

**D 5** (14). Deux articles du *Tænia nasuta*, contractés et montrant le tube latéral saillant, d'où doit sortir le pénis.

**D 6** (45). Partie latérale d'un des articles mâles du même *Tænia*.

**D 7** (180). Le pénis du même *Tænia*.

**D 8** (240). Un œuf du même *Tænia nasuta*.

**D 9** (220). Un autre œuf du même, montrant l'enveloppe moyenne chiffonnée.

**D 10** (130). Un des crochets.

**E 1** (22). Article postérieur du *Tænia megalops* du canard, vu de côté pour montrer sa forme campanulée, son bord *m* est coloré en jaune par des petites lignes microscopiques. Au milieu de la hauteur se trouvent disséminés les œufs et dans la partie supérieure la plus étroite se voit le testicule *t* et le canal déférent aboutissant au pénis *p*.

**E 2** (22). Un autre article du même *Tænia* vu obliquement pour montrer comment le bord est mince et flexible.

**E 3** (22). Un autre article posé sur son bord même et affaissé sur le porte-objet ; le bord jaune forme la zone la plus externe ; la zone moyenne traversée par des lignes en manière de rayons contient les œufs ; au centre est le testicule.

**F 1** (90). Tête du *Tænia exigua?* du moineau.

**F 2** (200). Cirre ou pénis papilleux du *Tænia* du moineau.

**G 1** (17). Tête et partie antérieure du *Tænia perfoliata* du cheval.

**G 2** (50). Bord des articles mâles du même *Tænia*, présentant chacun un tube charnu saillant dilatable, au milieu duquel est contenu un pénis finement hérissé.

**G 3** (190). Extrémité du tube charnu et pénis finement hérissé d'un des articles mâles du même *Tænia*.

**G 4** (200). OEuf prismatique du même *Tænia* vu de côté.

**G 5** (200). Le même œuf vu par le sommet.

**G 6** (220). Le même œuf comprimé et montrant alors une enveloppe moyenne, et l'embryon très-petit, avec six crochets contenus dans une enveloppe globuleuse revêtue elle-même d'une membrane accessoire.

**G 7** (400). Embryon du même *Tænia*, expulsé par la compression et encore entouré de l'enveloppe interne et de l'enveloppe accessoire.

G 8 (60). Tête et partie antérieure du même *Tænia*, ayant le cou ou les articles antérieurs très-étirés, et par conséquent la tête plus large que les premiers articles du corps.

## PLANCHE 12.

A 1 (10). *Tænia murina* du surmulot (*Mus decumanus*) et du *Mus pumilus* ou *campestris*.

A 2 (95). Tête du même, ayant la couronne de crochets déployée.

A 3 (110). Tête du même, avec la couronne de crochets retirée à l'intérieur.

A 4 (400). Un des crochets de la trompe.

A 5 (100). Un article mâle vu séparément.

A 6 (260). Un œuf du même *Tænia*.

B 1 (215). Double cercle de crochets du *Tænia tenuicollis* de la belette.

B 2 (225). Un crochet isolé.

B 3 (410). OEuf du *Tænia* de la belette, vu en rapprochant l'objectif de manière à distinguer l'embryon et ses crochets.

B 4 (350). Autre œuf du même, ayant la coque brisée et vu en éloignant l'objectif.

C 1 (190). Triple couronne de crochets du *Tænia cucumerina* du chien.

C 2 (500). Deux crochets de ce ténia vus isolément.

D (150). Un des crochets de la couronne du *Tænia crassiceps* du renard.

E 1 (250). OEuf de *Tænia dendritica* de l'écureuil (*Sciurus*).

E 2 (350). Autre œuf sorti d'un article mûr et déjà dépouillé de son enveloppe externe.

G 1 (260). OEuf du *Tænia leptocephala* du mulot (*Mus sylvaticus*), vu en rapprochant l'objectif.

G 2 (260). Le même vu en éloignant l'objectif pour faire voir les granulations de la coque.

H 1 (210). Tête du *Tænia microstoma* de la souris.

H 2 (430). Quatre crochets de la trompe du même ténia de la souris.

H 3 (200). Un œuf du même ténia de la souris.

J 1 (16). Tête de *Bothriocephalus uncinatus* de la raie.

J 2 (110). Une des paires de crochets, vue en face.

J 3 (110). Un des crochets isolés, vu de côté.

K (56). Tête de *Bothriocephalus coronatus* de la raie.

L 1 (100). Couronne de crochets du *Cysticercus pisiformis* du lapin, présentant une double rangée.

L 2 (180). Un crochet de la rangée supérieure, vu isolément.

M 1 *Cysticercus fasciolaris* de la souris, de grandeur naturelle, tiré de son kyste.

M 2 (10). Tête du même un peu comprimée.

M 3 (20). Crochet isolé.

M 4 (300). Corpuscules cristallins de nature calcaire, qu'on a souvent pris
pour des œufs.

N 1. Expansion psorospermique sur la branchie d'un cyprin.

N 2 (800). Corpuscule psorospermique ou psorospermie.

P 1 (260). Corpuscules naviculaires dans les kystes des testicules du lombric.

P 2 (500). Autre corpuscule naviculaire du lombric, avec une vacuole interne.

FIN DE L'EXPLICATION DES PLANCHES.

Trichosomes.
A. de la Musaraigne.     B. de la Farlouse.
Dujardin del.                                              Choubard sc.

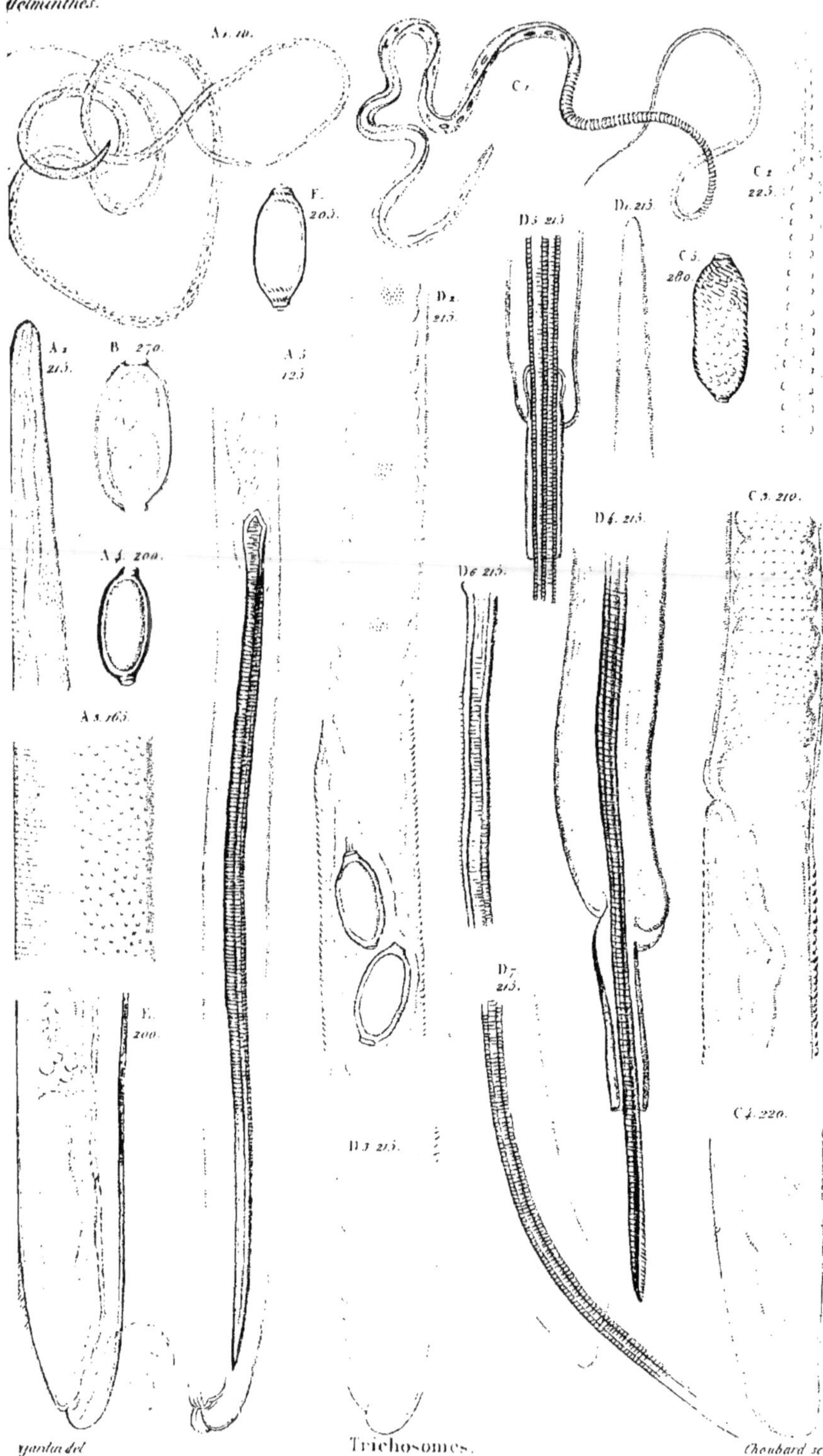

Uelminthes.
Pl. 2.
A. 10.
C.
C. 1
22.5.
D. 3. 215.
D. 1. 215.
F.
205.
C. 5.
280.
D. 2.
215.
A. 2
215.
B. 270.
A. 5.
125.
A. 4. 200.
C. 3. 210.
D. 4. 215.
D. 6. 215.
A. 3. 165.
E.
200.
D. 7.
215.
C. 4. 220.
D. 5. 215.
Trichosomes.
gautia del
Choubard sc
A. Hobereau   A. Epervier   B. Salamandre   C. Cyprin   D. Choucas   E. Pie   F. Geai.

Pl. 3.

D,
300.
G,
215.
G3.
130.
E.
300.
C2
220
C1
220
G2 280.
F. 180.
H. 340.
s
p
p
p
l
p
t
m
n
J2 42.
J1 60
B4
225
120.
d
B3
300
K1 175.
P
K2
100
c
c
a
b
b
b
K3 200.
175
b
a
P
P
s
B2 120
200.
t

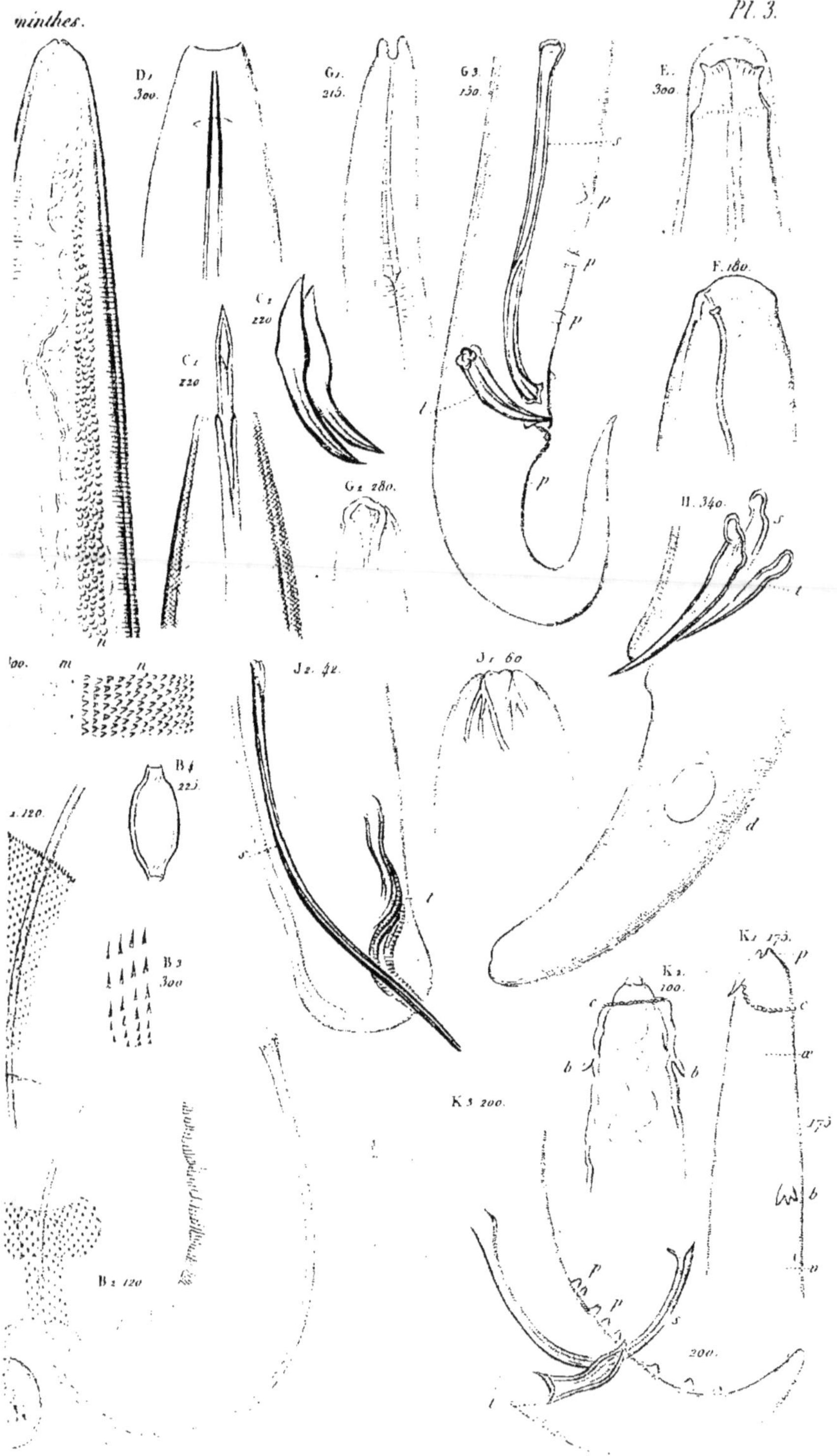

A 2. 115.
A 3. 240.
A 4. 240.
A 1.
A 10. 170.
A 11. 215.
A 5. 215.
A 9.
A 6. 20.
A 7. 170.
A 8. 215.
B 7. 185.
B 1. 20.
B 2. 215.
B 3. 215.
B 8. 215.
B 4. 215.
B 5. 215.
B 6. 215.
Dujardin del.
Choubard sc.

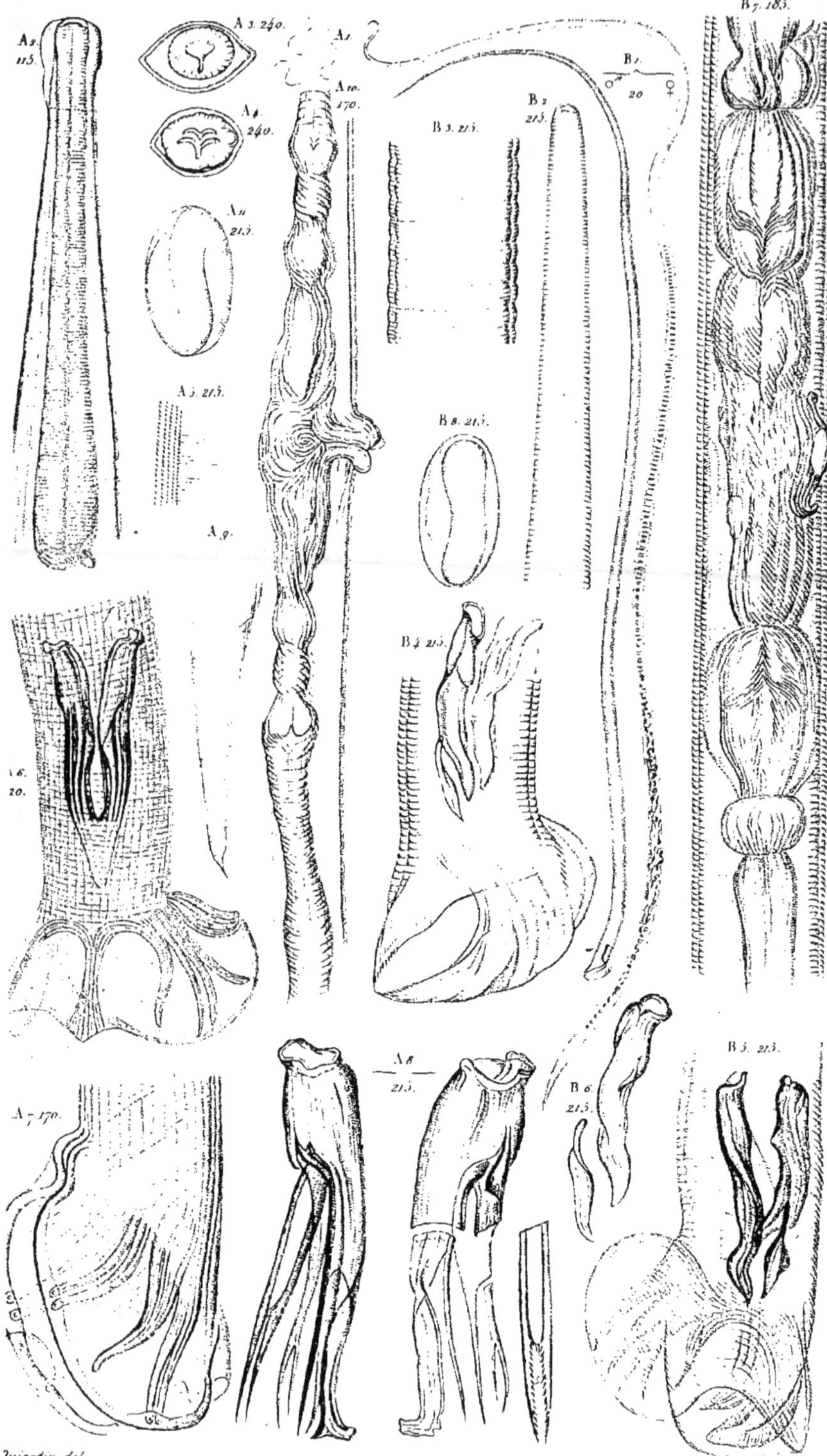

Strongles.

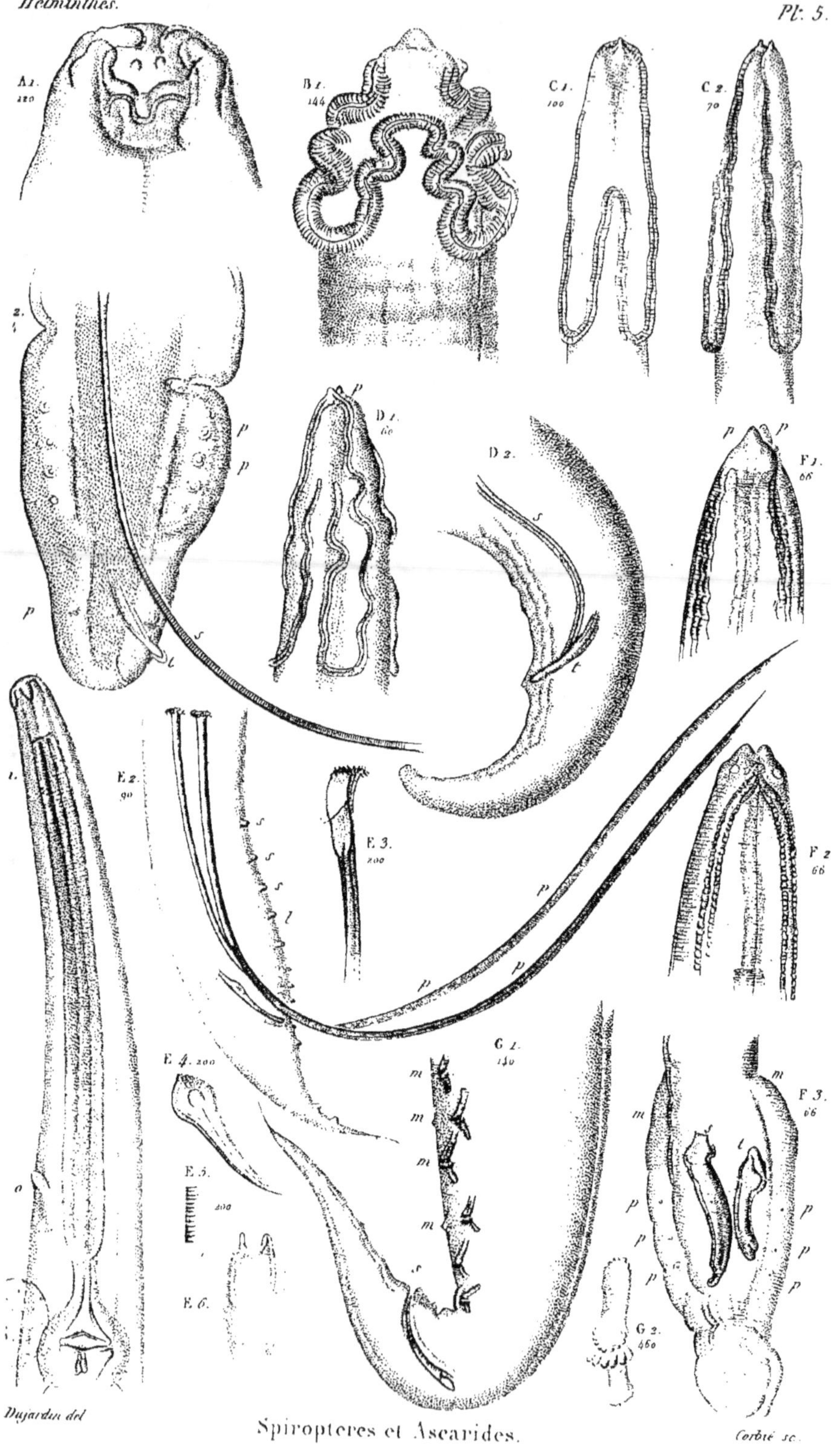



Spiroptères et Ascarides.

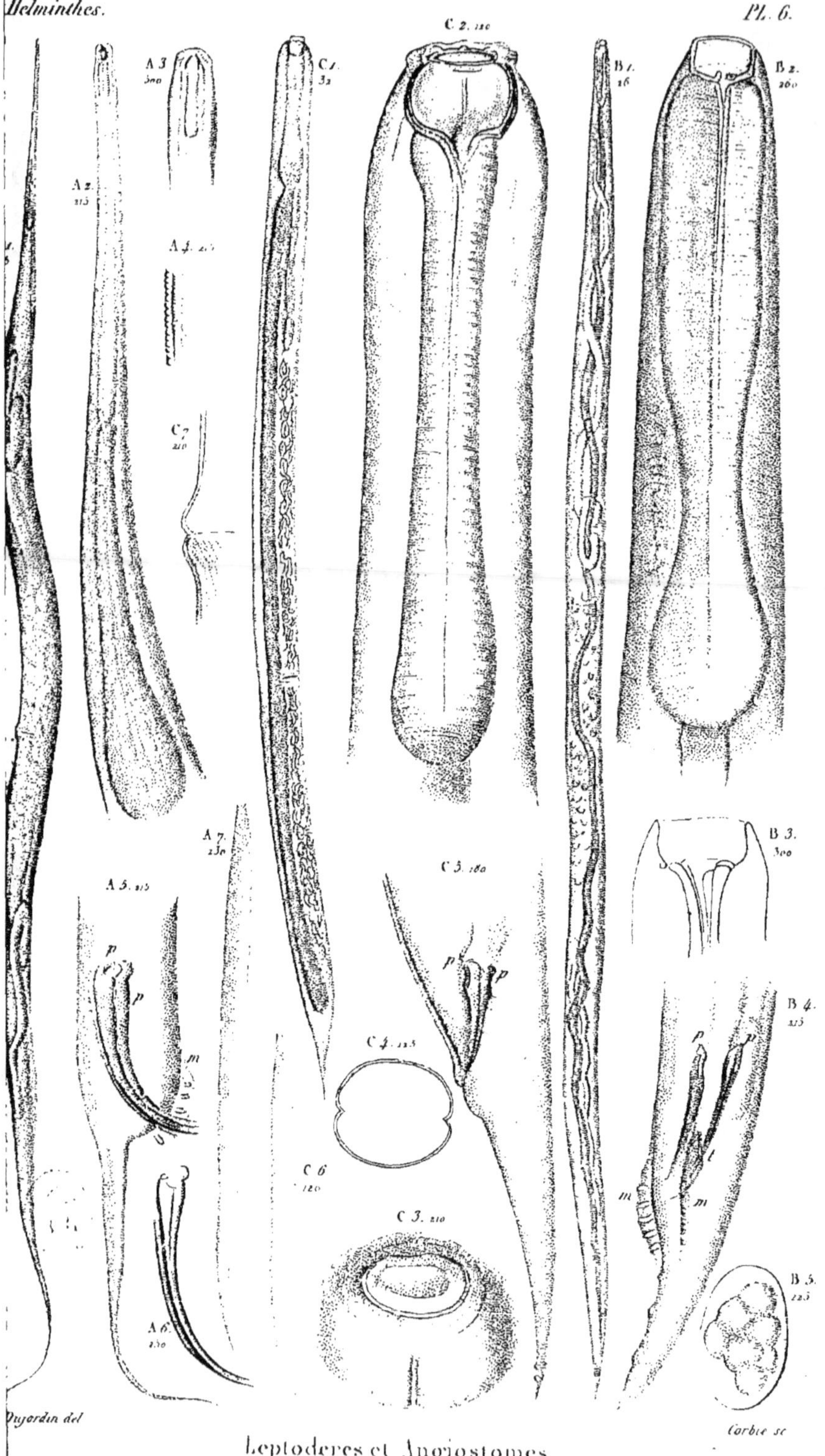


Dujardin del.

Corbie sc.

Leptoderes et Angiostomes.

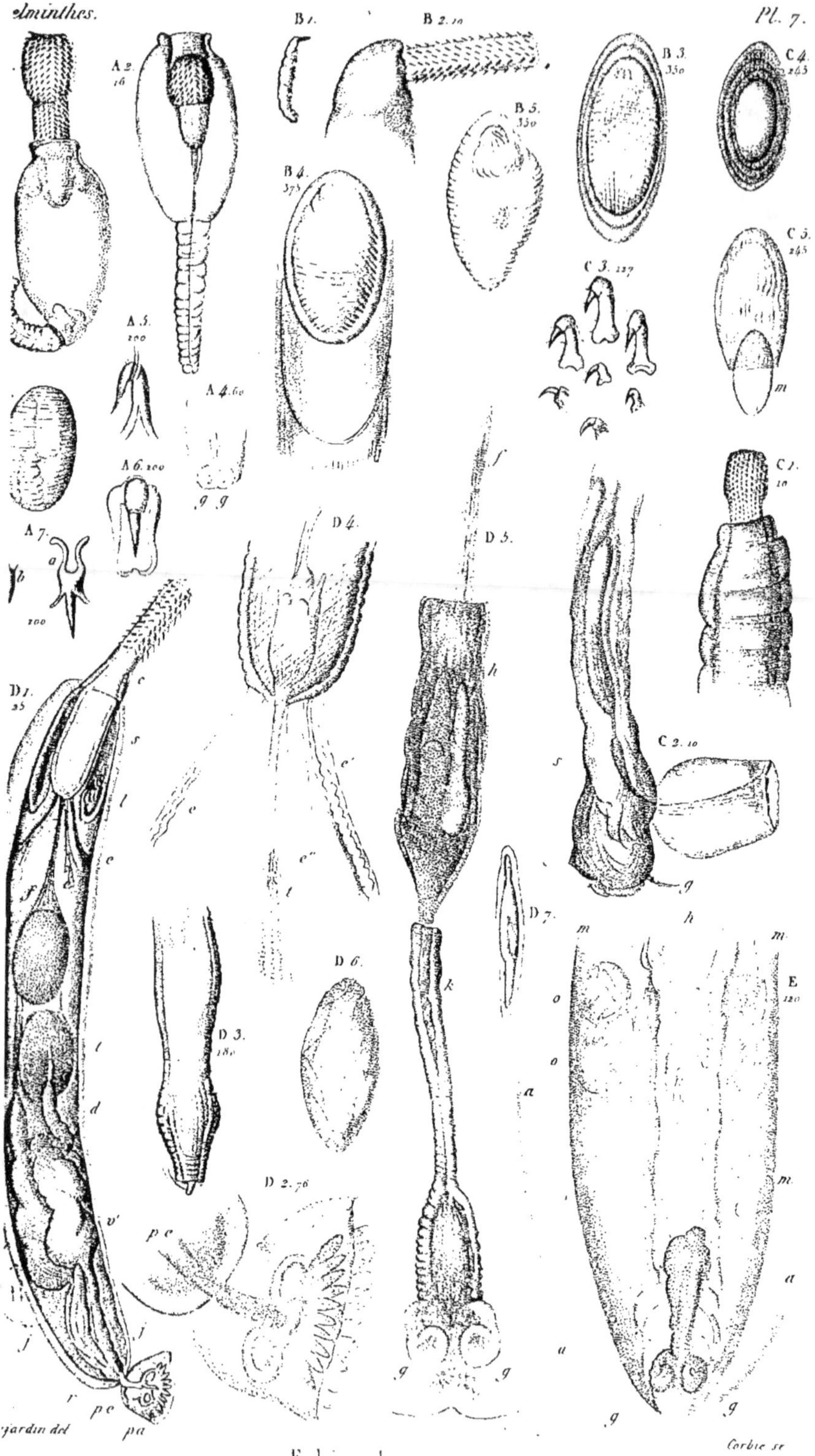
Helminthes.
Pl. 7.
jardin del
pa
Corbie sc
Echinorhynques.

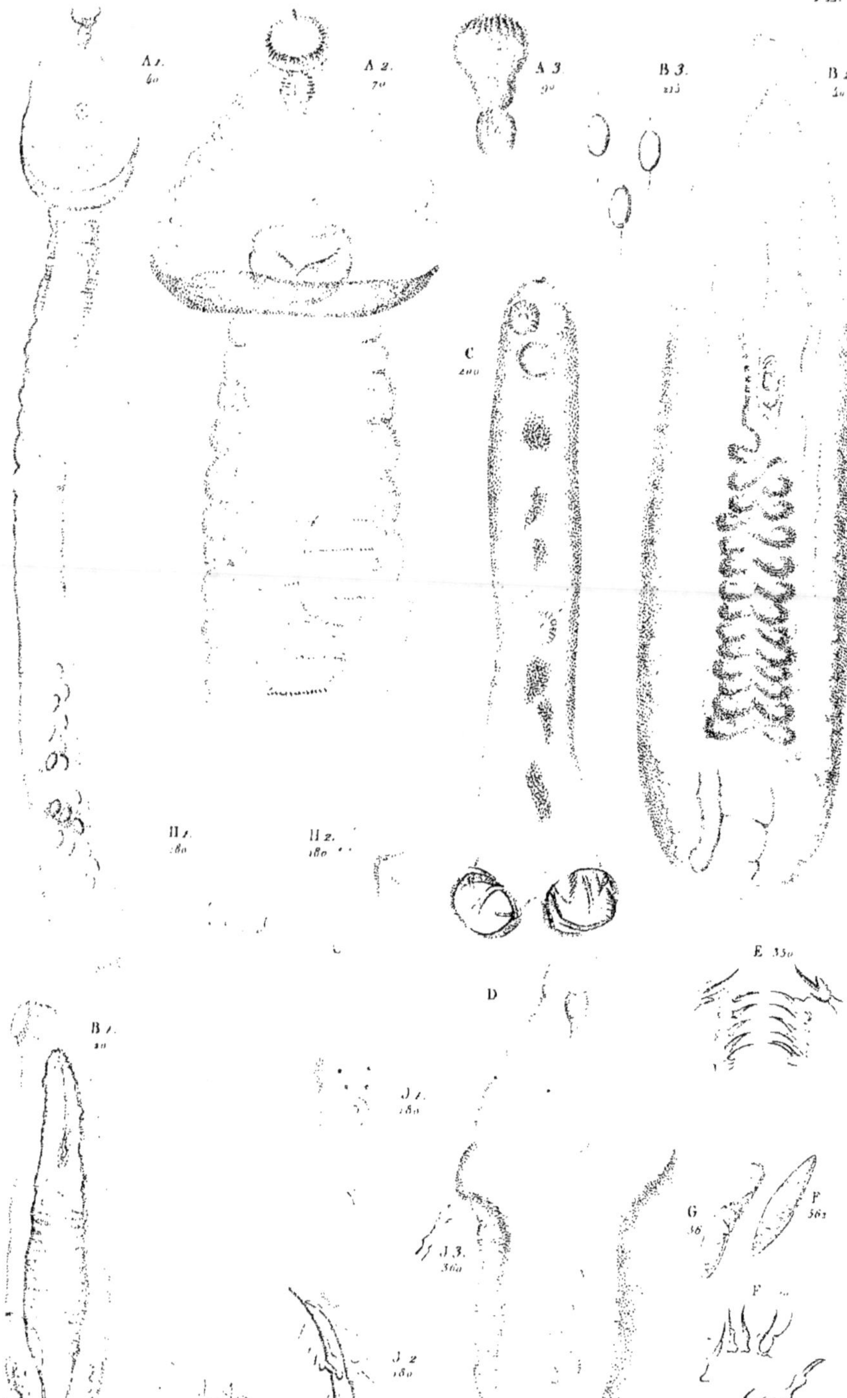


Dujardin del.

Corbie sc.

Pl. 9.
D
A
E 2
N
B
E 4
E 3
O
P 3
C
P 1
E 1
F 3
M 1
P 2
G
F 1
Q
H 1
F 2
J 1
T 1
H 2
M 2
S
J 2
T 2
L 1
K
U
R 2
X 2
L 2
R 1
X 1
V
Dujardin del
Nougeot sc

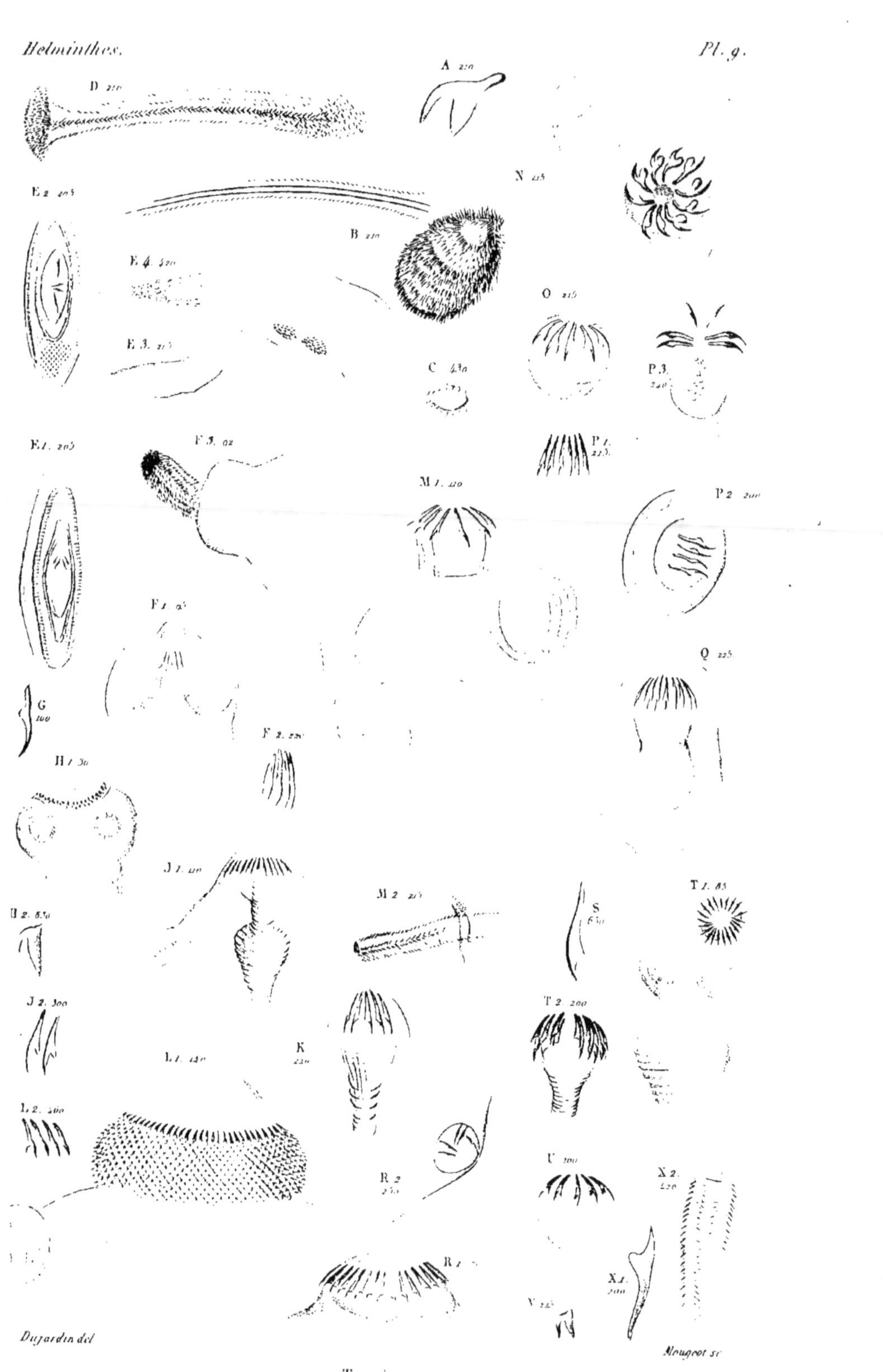

Tænias.

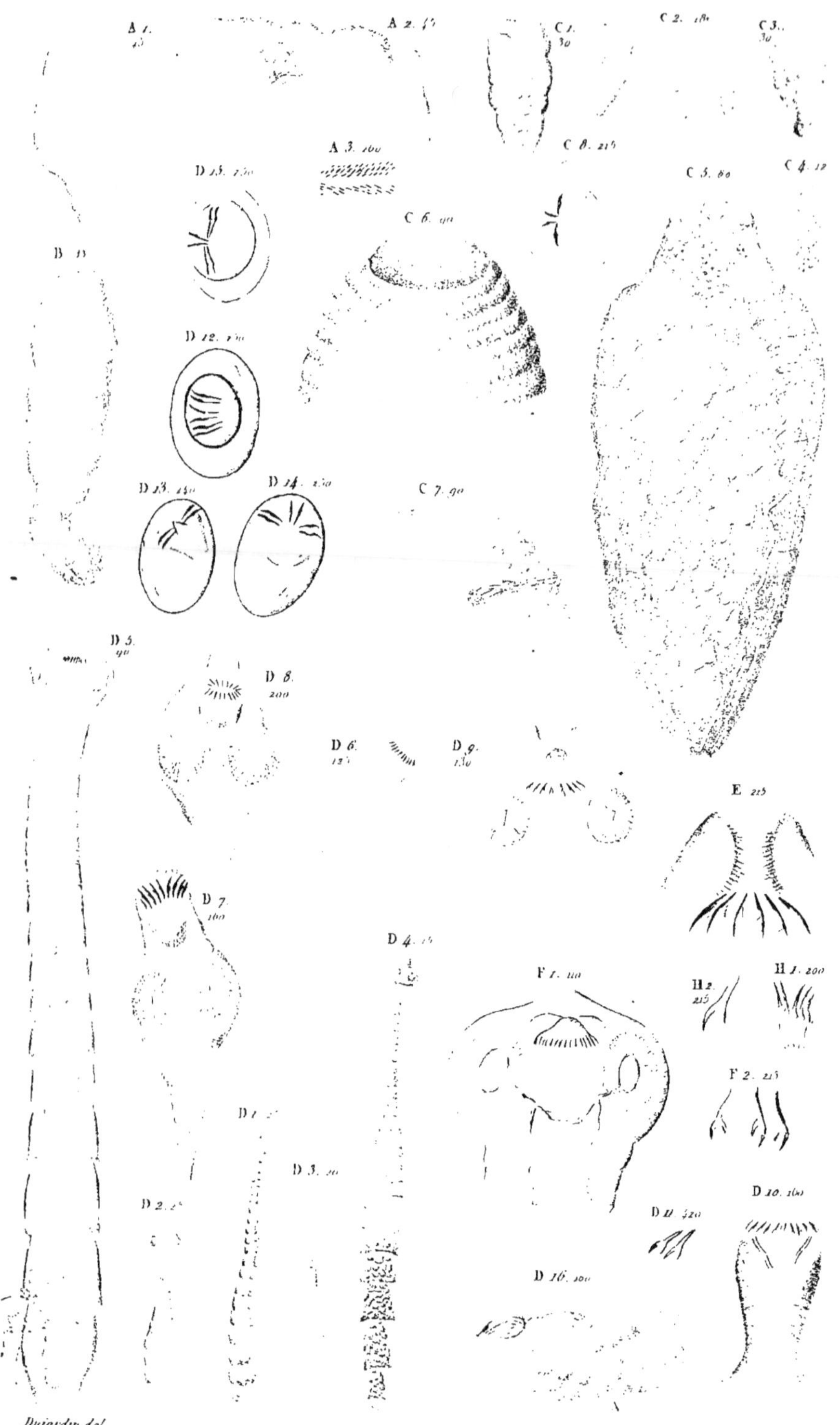



Tœnias et Proglottis.

A.
B 3.
C 3.
C 2.
D 9.
B 4.
D 8.
C 1.
B 2.
B 1.
D 1.
D 3.
D 2.
D 10.
G 8.
F 1.
D 4.
F 2.
G 1.
D 7.
D 5.
D 6.
G 2.
G 6.
G 3.
G 7.
G 5.
E 1.
G 4.
G 3.
E 3.
E 2.
Dujardin del.
Mougeot sc.

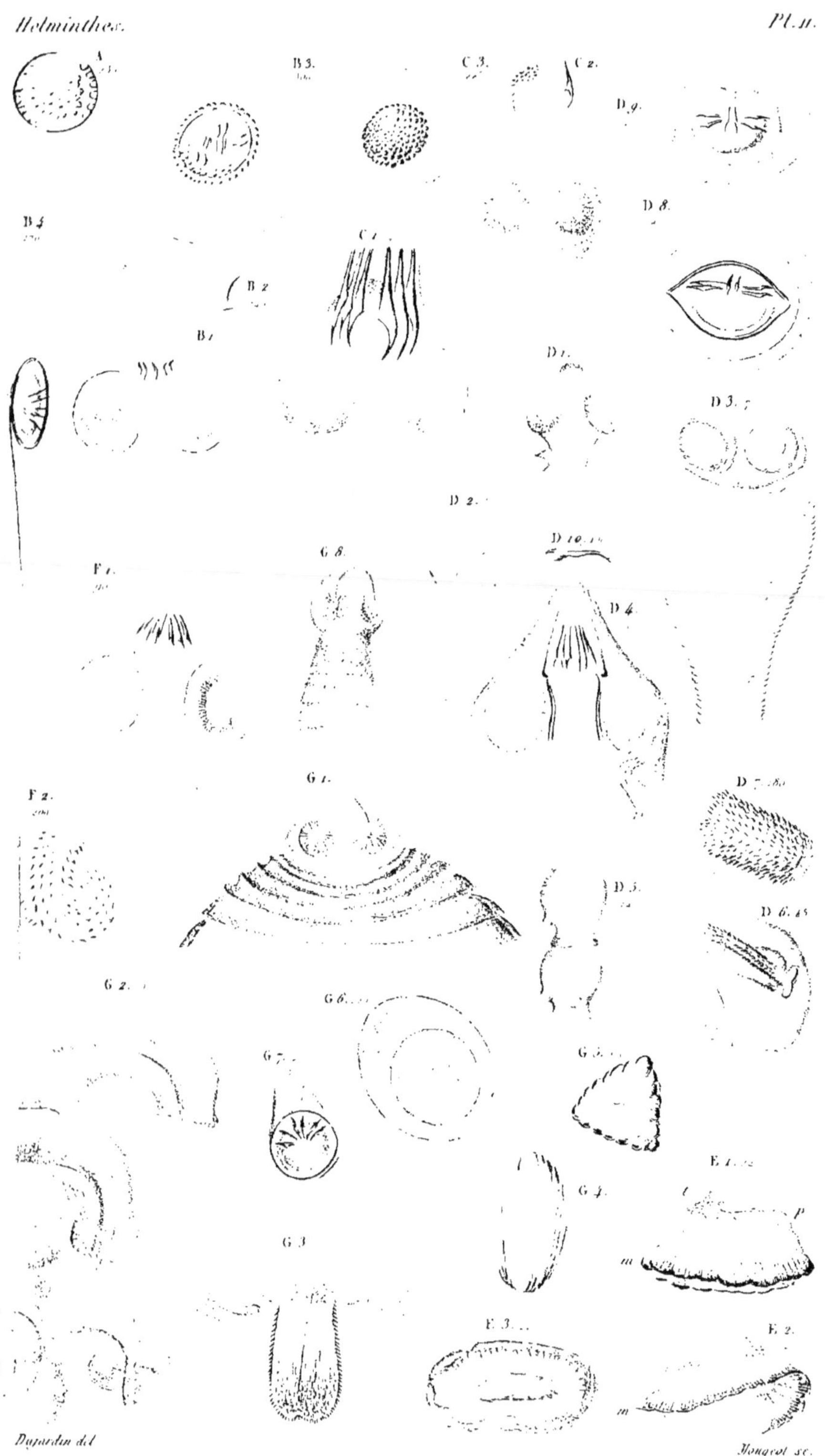

Taenias.

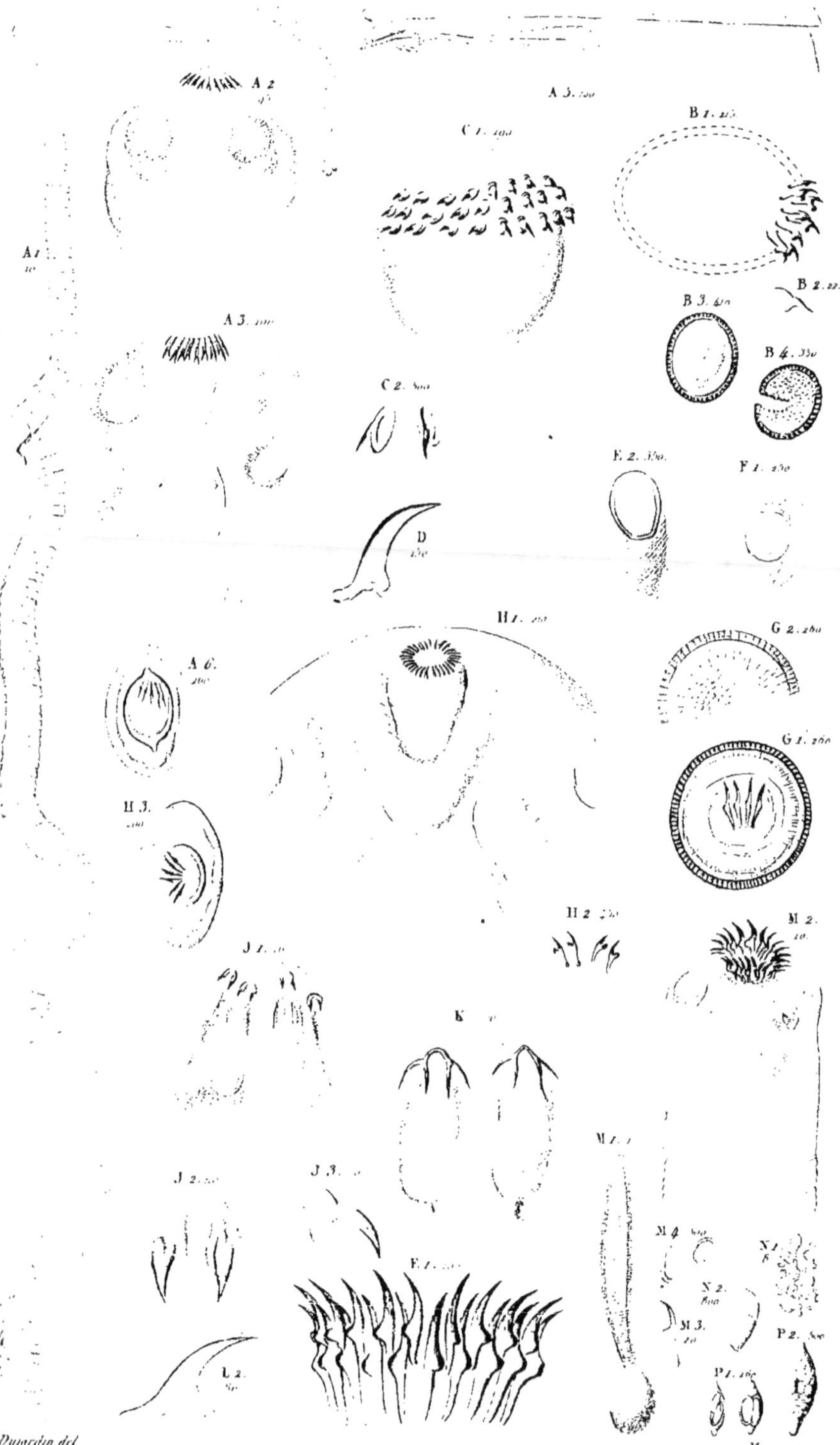

Dujardin del     Nougeot sc.

Tænias, Bothriocéphales, Cysticerques.